给水排水管道非开挖修复施工指导丛书

机械制螺旋缠绕修复法
施工操作手册

石磊　主编

北　京

冶金工业出版社

2023

内 容 提 要

本书介绍了机械制螺旋缠绕法修复给水排水管道的工艺原理、操作流程、设备操作要求、人员管理要求、设备维修养护要求等内容，配以大量实物图片及设备组成讲解，并在设备操作说明中加入了操作过程记录要求、重要控制参数及设备维护保养等内容，强调了工艺设备操作流程化、标准化和规范化的"三化"要求。

本书可供广大管道非开挖修复及相关建设施工行业的从业人员阅读。

图书在版编目(CIP)数据

机械制螺旋缠绕修复法施工操作手册/石磊主编 . —北京：冶金工业出版社，2023.1

（给水排水管道非开挖修复施工指导丛书）

ISBN 978-7-5024-9355-4

Ⅰ.①机… Ⅱ.①石… Ⅲ.①给排水系统—管道维修—手册 Ⅳ.①TU991.36

中国国家版本馆 CIP 数据核字(2023)第 015745 号

机械制螺旋缠绕修复法施工操作手册

出版发行	冶金工业出版社	**电 话**	(010)64027926
地 址	北京市东城区嵩祝院北巷 39 号	**邮 编**	100009
网 址	www.mip1953.com	**电子信箱**	service@mip1953.com

责任编辑 曾 媛 美术编辑 彭子赫 版式设计 郑小利
责任校对 石 静 责任印制 窦 唯
北京博海升彩色印刷有限公司印刷
2023 年 1 月第 1 版，2023 年 1 月第 1 次印刷
880mm×1230mm 1/32；3 印张；69 千字；86 页
定价 55.00 元

投稿电话 (010)64027932 投稿信箱 tougao@cnmip.com.cn
营销中心电话 (010)64044283
冶金工业出版社天猫旗舰店 yjgycbs.tmall.com
（本书如有印装质量问题，本社营销中心负责退换）

主　编：石　磊

副 主 编：陈　芳　陆学兴

编　　委（按姓氏拼音字母排序）：
　　　　刘志晨　宋洪华　夏金帅　赵志宾

参编单位：北京北排建设有限公司
　　　　　天津倚通科技发展有限公司

前　言

　　城镇地下给水排水管网系统是城市的重要基础设施，地下管网能否正常运行，不仅事关人民群众的生命财产安全，也影响着城市的发展。

　　城镇地下管网漏损问题是世界性难题，而对由管网漏损导致的城市内涝、黑臭水体等"城市病"的治理更是城市管理者的重点工作。在习近平总书记提出的"节水优先、空间均衡、系统治理、两手发力"治水方略的指引下，坚持统筹发展和安全，将城市作为有机生命体，根据建设海绵城市、韧性城市要求，因地制宜、因城施策，用统筹方式、系统方法解决城市内涝问题，提升城市防洪排涝能力，能够为维护人民群众生命财产安全、促进经济社会持续健康发展提供有力支撑。

　　改造易造成积水内涝问题的混错接雨污水管网、修复破损和功能失效的排水防涝设施，是系统建设城市排水防涝工程体系的重要举措。为了修复破损管网、保证地下管网设施的正常运行，国内管道修复行业在充分吸收国外技术的基础上，开发了多种管道非开挖修复技术。

非开挖技术具有开挖量小、环境影响小、施工速度快和费用低等优点，在城镇地下管网修复领域推广中具有得天独厚的条件。随着在地下管网修复领域的广泛应用，该技术也得到了不断创新和优化。

为了提升一线操作人员的技术水平，提升非开挖管道修复工程的施工质量，保障施工中的安全，北京北排建设有限公司选取了目前行业内较为常用的几种非开挖管道修复技术，编制成《给水排水管道非开挖修复施工指导丛书》，以供行业内技术人员和设备操作人员培训与自学使用。

本册为《机械制螺旋缠绕修复法施工操作手册》，介绍了机械制螺旋缠绕法修复管道时用到的设备和材料，详细阐述了工艺操作步骤及操作要求，总结了设备保养与维修方法，列出了常见问题并给出了对应的处理措施。

鉴于时间仓促和编者水平所限，疏漏之处在所难免，望读者不吝赐教，及时将宝贵建议反馈给本书编委，以便再版时更正或补充，不胜感激。

作　者
2022 年 1 月

目　　录

1 绪 论

1.1 机械制螺旋缠绕修复法工艺原理

螺旋缠绕修复法是一种将带状型材通过螺旋缠绕方式置入原有管道形成连续内衬的管道更新工法。

机械制螺旋缠绕修复法是通过螺旋缠绕专用设备，利用现有检查井，在原有管道内将带状型材通过压制卡口不断前进形成新的管道，新管道到达下一检查井后，通过扩张贴紧原管壁或在两管之间注浆形成管道内衬。螺旋缠绕法根据缠绕机的工作状态可分为机头行走式和机头固定式。

机头行走式是指在相邻两个工作井（如原有检查井）之间，螺旋缠绕机随着螺旋缠绕管的形成沿管道前进。

机头固定式是指螺旋缠绕机固定在工作井内（如原有检查井），管道缠绕成型的同时螺旋推进到原有管道中。机头固定式螺旋缠绕法按修复方式可分为定径式和扩张式。如无特殊说明，本书所指的机头固定式均为定径式。

1.1.1 机头行走式螺旋缠绕法

机头行走式螺旋缠绕法（图 1-1）是将可拆解的缠绕机组通过原有检查井送入原管道内并进行组装，随后将带有钢带的 PVC-U 带状型材通过原有检查井输送到缠绕机上；缠绕机在原管道内通过螺旋行进轧制型材边缘锁扣，最终在原管道内形成一条连续、高强度且具有良好水密性的钢塑加强型新管。

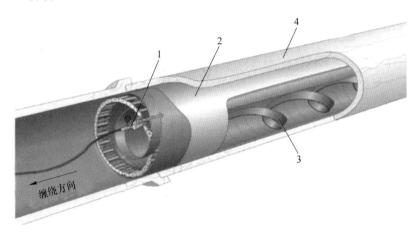

图 1-1　机头行走式螺旋缠绕法示意图

1—缠绕机；2—砂浆层；3—螺旋方式输入型材；4—原有管道

1.1.2　机头固定式螺旋缠绕法

机头固定式螺旋缠绕法（图 1-2）是将可拆解的缠绕机组送入原有检查井中并固定安装在井内，随后将 PVC-U 带状型材及不锈钢带通过原有检查井输送到井下的缠绕机上；缠绕机对带状型材和不锈钢带进行轧制同步缠绕并沿管道方向向前推送缠绕好的新内衬管，通过轧制型材边缘锁扣，最终在原管道内形成一条连续的、高强度的且具有良好水密性的钢塑加强型新管。

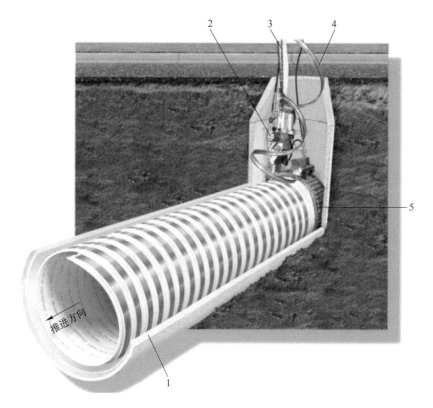

图 1-2　机头固定式螺旋缠绕法示意图

1—原有管道；2—缠绕机；3—型材；4—钢带；5—缠绕笼

1.2　特点

（1）在原管道的水位高度小于 30cm、流速小于 0.5m/s 的情况下能够进行带水作业。

（2）材料强度系数大，独立成型。

（3）材料防腐能力强、环保无污染。

（4）可修复圆形和非圆形截面（包括矩形、拱形、马蹄形等）管道。

（5）管径适用范围广（600~5000mm），可通过调整螺旋缠绕设备对不同管径的管道进行修复。

（6）缠绕设备能够在地面上拆分，在原管道内组装，能够实现完全非开挖修复。

（7）利用现况检查井完成修复作业，地上占用空间小，对交通影响小。

（8）缠绕材料内表面光滑，曼宁系数小，可提高管道过流能力。

（9）施工可随时中断，缠绕设备可留置在检查井、管道内，不影响管道过水。

1.3　适用范围

（1）机械制螺旋缠绕法可用于各类材质的排水管（渠）的修复。

（2）机头固定式螺旋缠绕法主要用于修复圆形管道，可修复管径为600~3000mm，单次修复最大长度可达200m。

（3）机头行走式螺旋缠绕法可修复1200~5000mm的圆形管道、1200mm×1200mm~5000mm×5000mm的矩形、拱形管道及其他异形管道（最小边长不小于1200mm），不受管道长度限制。

（4）可用于修复因地质因素（泥土松动，地表移动等）引起的管道结构性损坏（轻微沉降，接口错位不大于3cm和开裂）。

（5）机头行走式螺旋缠绕法可用于弯曲管段修复，转弯半径不小于1.7D。

1.4 相关规范

在施工中，关于机械制螺旋缠绕法的技术要求可查阅以下规范：

- GB/T 37862—2019《非开挖修复用塑料管道 总则》；

- CJJ/T 210—2014《城镇排水管道非开挖修复更新工程技术规程》；

- CJJ/T 244—2016《城镇给水管道非开挖修复更新工程技术规程》；

- T/CECS 717—2020《城镇排水管道非开挖修复工程施工及验收规程》。

2 设备与机具

2.1 机头行走式螺旋缠绕法工艺单元

机头行走式螺旋缠绕法设备由辊轮组、缠绕机头、缠绕轨道、液压动力站、控制手柄、材料卷轴、卷轴动力系统、制浆机、注浆机、发电机等组成，机头行走式螺旋缠绕法修复工艺操作流程如图2-1所示。

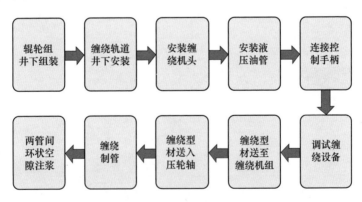

图2-1 机头行走式螺旋缠绕法修复工艺设备操作流程

2.1.1 缠绕机组

缠绕机组由辊轮组、缠绕机头及缠绕轨道组成，如图2-2所示。辊轮组由辊轮、垫片（图2-3）拼装组成，辊轮、垫片采用螺栓进行连接。根据待修管道管径大小，调节辊轮数量及缠绕轨道子模块数量，在管道内组成与管径相适应的缠绕机组，垫片主要用于对管径进行微调。

图 2-2　缠绕机组示意图

1—辊轮组；2—缠绕机头；3—缠绕轨道

　　缠绕机头主要由高压油管、液压马达、行走轮、压轮总成、主动辊轮、辊轮、压轮总成调整螺栓和变速箱总成组成，如图 2-4 所示。其中高压油管用于连接液压动力站和液压马达；液压马达为设备提供动力；行走轮通过变速箱提供的动力可以使缠绕机头行走；压轮总成用来压制型材锁扣使其互锁；主动辊轮在变速箱提供的动力作用下进行转动；辊轮用来连接机头；压轮总成调整螺栓可以调整压轮总成张紧度；变速箱总成用来调整输出的扭矩。

图 2-3   辊轮、垫片

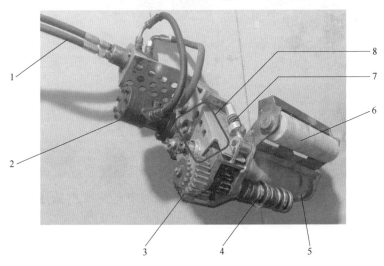

图 2-4   缠绕机头

1—高压油管；2—液压马达；3—行走轮；4—压轮总成；5—主动辊轮；

6—辊轮；7—压轮总成调整螺栓；8—变速箱总成

2.1.2 缠绕轨道

缠绕轨道由加工好的轨道子模块及连接板拼装组成，主要起到支撑缠绕机头和辊轮组的作用，缠绕轨道组成如图 2-5 和图 2-6 所示。对圆形管道进行修复时无需使用缠绕轨道，而对矩形、拱形等异形管道进行修复时需使用缠绕轨道，且缠绕轨道应根据原管道的尺寸制作，矩形和拱形管道缠绕轨道形式如图 2-7 和图 2-8 所示。此外，缠绕机组螺旋前进时会带动缠绕轨道前移。

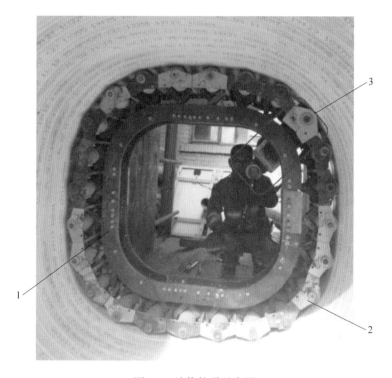

图 2-5 缠绕轨道示意图

1—缠绕轨道；2—辊轮组；3—缠绕机头

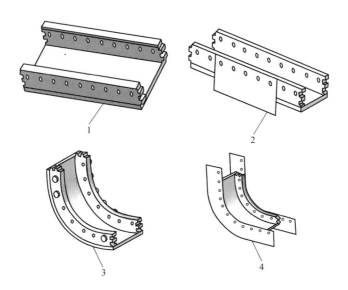

图 2-6 缠绕轨道子模块及连接板示意图

1—轨道子模块；2—带连接板轨道子模块；3—圆角模块；4—带连接板圆角模块

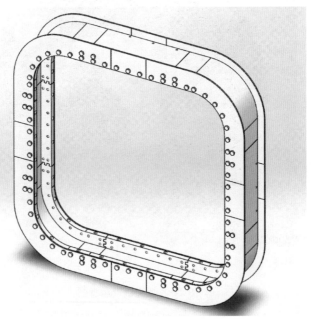

图 2-7 矩形缠绕轨道示意图

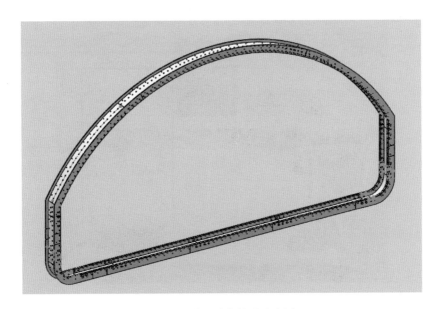

图 2-8 拱形缠绕轨道示意图

2.1.3 液压动力站

液压动力站通过高压油管连接缠绕机头，为缠绕机组提供动力。

2.1.3.1 液压动力站组成

液压动力站主要由压力调节阀、风扇、液压油箱、液压控制手柄接口、总电源开关、主控制箱和交流电机组成，如图 2-9 所示。常用的交流电机功率一般为 7.5kW，液压泵的最高输出压力为 21MPa。

液压动力站各部分的功能如下：

（1）压力调节阀用于调节系统压力的大小。

（2）液压油管接口是连接液压油管与缠绕机头连接。

（3）散热风扇用来降低液压油温度。

图 2-9　液压动力站

1—压力调节阀；2—液压油管接口；3—散热风扇；4—液压油箱；

5—控制手柄数据线接口；6—总电源开关；7—主控制箱；8—交流电机

（4）液压油箱用来储存液压油。

（5）控制手柄数据线接口用于连接液压控制手柄，可使用液压控制手柄遥控操作液压动力站运行。

（6）总电源开关控制液压动力站电源启闭。

（7）主控制箱通过控制箱面板上的操作按钮可操控液压动力站运行。控制箱面板如图 2-10 所示。

（8）交流电机为液压动力站提供动力。

2.1.3.2　液压动力站控制设备

液压动力站运行可由主控制箱上的控制面板操作，也可以通过液压控制手柄远程操作。

A 主控制箱

液压动力站主控制箱面板上的按钮如图 2-10 所示，依次为控制手柄开关（按钮 1）、紧急停止按钮（按钮 2）、正向运行按钮（按钮 3）、停止按钮（按钮 4）、反向运行按钮（按钮 5）、复位按钮（按钮 6）、液压油温度显示面板、风扇开关（按钮 8）。按钮 1 用来启停控制手柄；按钮 2 用来紧急停止液压系统；按钮 3、按钮 5 分别用来启动电机正向、反向运行；按钮 4 用来停止电机运行；按钮 6 则是用来复位电机转速至预设转速，此时液压系统停止工作。

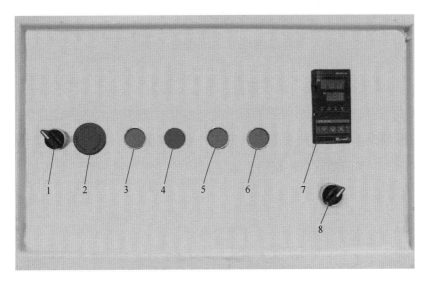

图 2-10 主控制箱面板

1—控制手柄开关；2—紧急停止按钮；3—正向运行按钮；4—停止按钮；
5—反向运行按钮；6—复位按钮；7—液压油温度显示面板；8—风扇开关

B 液压控制手柄

使用数据线将液压控制手柄（图 2-11）与液压动力站连接，

实现遥控操作液压动力站运行。

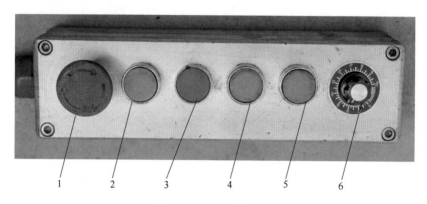

图 2-11 液压控制手柄

1—紧急停止按钮；2—正向运行按钮；3—停止按钮；
4—反向运行按钮；5—复位按钮；6—调速旋钮

液压控制手柄上的按钮自左至右分别为紧急停止按钮（按钮1）、正向运行按钮（按钮2）、停止按钮（按钮3）、反向运行按钮（按钮4）、复位按钮（按钮5）和调速旋钮（按钮6），其中按钮1~5的功能与控制箱面板上对应的控制按钮一致，而按钮6则是起到调整电机转速的作用。

2.1.4 材料卷轴

为方便材料运输及使用，带状型材出厂时应缠绕在材料卷轴内。材料卷轴如图2-12所示。

2.1.5 卷轴动力系统

现场施工时，通过卷轴动力系统控制材料卷轴的转动，用来进行材料的收放。

图 2-12 材料卷轴

材料卷轴转动系统主要由卷轴支架、调速电机、变速箱、卷轴控制手柄、驱动轮和控制电箱组成，如图 2-13 所示。卷轴支架

图 2-13 材料卷轴动力系统

1—卷轴支架；2—调速电机；3—变速箱；

4—卷轴控制手柄；5—控制电箱；6—驱动轮

用来放置材料卷轴；调速电机为卷轴转动提供动力；变速箱可以调整卷轴的转速；驱动轮用来驱动卷轴转动；控制电箱用来控制电机的启停；使用卷轴控制手柄则可以对卷轴的运转进行控制。

卷轴控制手柄上的按钮如图 2-14 所示自左至右分别为反向运行按钮（按钮 1）、正向运行按钮（按钮 2）、停止按钮（按钮 3）、启动按钮（按钮 4）、调速旋钮（按钮 5）和紧急停止按钮（按钮 6）。按钮 1、2 分别用来控制电机反向、正向运行；按钮 3、4 分别用来停止、启动电机；按钮 5 用来调节电机转速；按钮 6 则是用于在紧急情况下关停电机。

图 2-14　卷轴控制手柄

1—反向运行按钮；2—正向运行按钮；3—停止按钮；
4—启动按钮；5—调速旋钮；6—紧急停止按钮

2.1.6　发电机组

发电机组为现场施工设备和机具提供电源，机头行走式缠绕设备采用 50kW 发电机，如图 2-15 所示。

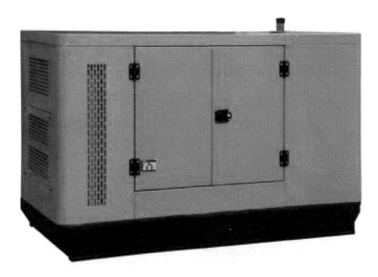

图 2-15　发电机组

2.2　机头固定式螺旋缠绕法工艺单元

机头固定式螺旋缠绕法设备由缠绕机组、液压动力站、钢带机、材料卷轴、型材托架、制浆机、注浆机、发电机等组成，机头固定式螺旋缠绕法修复工艺操作流程如图 2-16 所示。

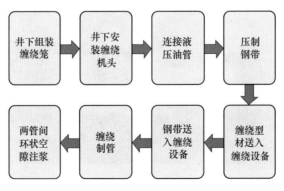

图 2-16　机头固定式螺旋缠绕法修复工艺操作流程

2.2.1　缠绕机组

缠绕机组由缠绕笼和缠绕机头两部分组成，是管道成型的主要设备，如图 2-17 所示。施工时在检查井内拼装形成缠绕机组。

缠绕笼

缠绕机头

图 2-17　缠绕机组

缠绕笼主要起到限位的作用，直径范围为 600～3000mm，施工时应根据待修复管道的管径选择尺寸合适的缠绕笼。

缠绕机头由液压动力站驱动，带动缠绕型材及钢带在缠绕笼内螺旋转动，转动的同时使缠绕型材锁扣互锁及钢带压进型材锁扣内。

2.2.2 液压动力站

液压动力站是为缠绕机头提供液压驱动力的动力设备，主要由交流电机和液压泵组成，如图 2-18 所示。常用的交流电机功率一般为 11kW，液压泵的最高输出压力为 21MPa。

图 2-18 液压动力站

1—交流电机；2—液压泵及过滤系统

2.2.3 钢带机

钢带机是用来在现场压制钢带的机械设备，由钢带托架和钢带压制辊组组成，如图 2-19 所示。其中钢带托架的额定载重量为

2t，钢带压制辊组的功率为 11kW。

图 2-19　钢带机

1—钢带托架；2—钢带压制辊组

2.2.4　材料卷轴

材料卷轴如图 2-20 所示，用于储存和运输型材。

2.2.5　材料卷轴动力系统

机头固定式螺旋缠绕法和机头行走式螺旋缠绕法一样，在施工时也需要使用用于控制材料卷轴转动、收放材料的材料卷轴动力系统，如图 2-21 所示。

2.2.6　发电机组

机头固定式缠绕设备采用 80kW 静音柴油发电机组，如图 2-22 所示。

图 2-20 材料卷轴

图 2-21 材料卷轴动力系统

1—控制系统；2—动力系统

图 2-22　发电机组

2.3　注浆设备

2.3.1　制浆机

制浆机用于制作注浆浆液，以进行注浆材料的搅拌。

制浆机主要由交流电机、变速箱、进料口、搅拌叶片、制浆桶、储浆桶等组成，如图 2-23 所示。交流电机为制浆机提供动力；通过变速箱改变电机轴转速并驱动搅拌叶片转动在制浆桶内搅拌浆液；浆液搅拌完成后放入储浆桶，出浆口与注浆泵通过软管连接。

2.3.2　挤压式注浆机

挤压式注浆机用于浆液灌注，注浆机进浆口与制浆机出浆口连接，注浆机出浆口连接注浆管，注浆管与管道注浆孔连接。

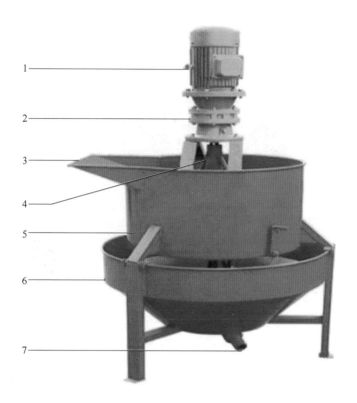

图 2-23 制浆机

1—交流电机；2—变速箱；3—进料口；4—搅拌叶片；

5—制浆桶；6—储浆桶；7—出浆口

挤压式注浆机主要由控制箱、电机箱、挤压箱、挤压管等组成，如图 2-24 所示。电机箱内有交流电机及变速箱为注浆机提供动力。

2.3.3 螺杆式注浆机

螺杆式注浆机用于浆液灌注，主要由出浆口、压力表、螺旋定子、储浆斗、控制箱等组成，如图 2-25 所示。电机箱内有交流电机及变速箱为注浆机提供动力。

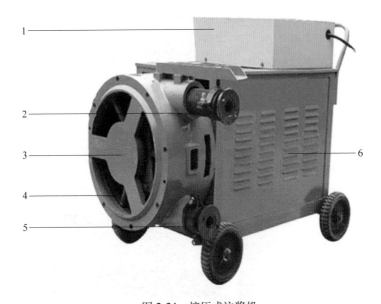

图 2-24　挤压式注浆机

1—控制箱；2—出浆口；3—挤压箱；4—挤压管；5—进浆口；6—电机箱

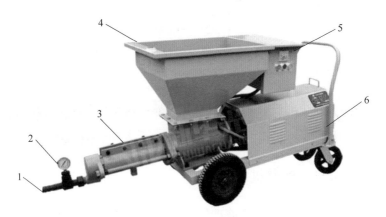

图 2-25　螺杆式注浆机

1—出浆口；2—压力表；3—螺旋定子；4—储浆斗；5—控制箱；6—交流电机

螺杆注浆泵其工作原理是当电动机带动泵轴转动时，螺杆绕本身的轴线旋转，螺杆每转一周，密封腔内的液体向前推进一个螺距，随着螺杆的连续转动，浆料以螺旋形方式从一个密封腔压向另个密封腔，挤出泵体达到泵送的目的。压力表用于监测注浆压力，出浆口与注浆管连接，控制箱设有注浆、泄压等操作功能。

3 材　　料

3.1　材料结构组成

3.1.1　机头行走式螺旋缠绕法带状型材

机头行走式螺旋缠绕法所用的螺旋缠绕带状型材为 PVC-U 材质，双锁扣设计，内表面光滑、平整，无裂口，外表面均布 T 型加强筋，出厂时自带密封胶，且出厂时材料外表面已预制有 W 型钢肋，带状型材截面示意图如图 3-1 所示。常用的缠绕型材规格型号为 PVC-95，如图 3-2 所示。修复圆形管道时使用的钢带材质为不锈钢钢带，修复非圆形管道时使用的钢带材质为镀锌钢带。

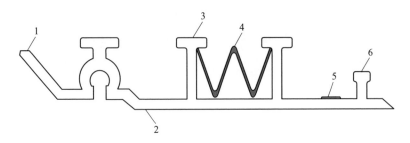

图 3-1　机头行走式螺旋缠绕法带状型材截面示意图

1—锁扣 1；2—内表面；3—外表面 T 型肋；4—钢带；5—密封胶条；6—锁扣 2

图 3-2　机头行走式螺旋缠绕法带状型材

3.1.2　机头固定式螺旋缠绕法带状型材

3.1.2.1　型材

机头固定式螺旋缠绕法所用的螺旋缠绕带状型材为 PVC-U 材质，双锁扣设计，内表面光滑、平整，无裂口，外表面均布 T 型加强筋，出厂时自带密封胶，型材截面示意图如图 3-3 所示。常用的规格有 91-25 和 126-20 两种，91-25 型材主要用于修复管径为

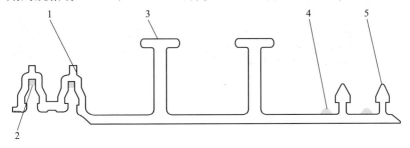

图 3-3　机头固定式螺旋缠绕法螺旋缠绕型材截面示意图

1—双锁扣母扣；2—密封剂；3—外表面 T 型肋；4—密封剂；5—双锁扣公扣

1000~2500mm 的管道（图 3-4），126-20 型材主要用于修复管径为 600~1200mm 的管道（图 3-5）。

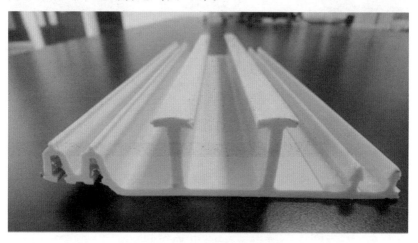

图 3-4　机头固定式螺旋缠绕法螺旋缠绕型材(91-25 型)

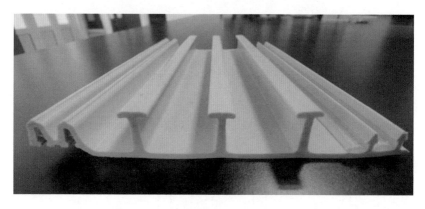

图 3-5　机头固定式螺旋缠绕法螺旋缠绕型材(126-20 型)

3.1.2.2　钢带

机头固定式螺旋缠绕法使用的钢带为不锈钢板（图 3-6），在现场由钢带机冷压成需要的管径和形状，轧嵌在 PVC 型材背面，如图 3-7 所示。常用钢带的厚度有 0.7mm、0.9mm、1.2mm 和 1.4mm。

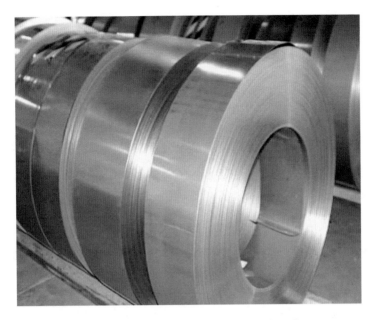

图 3-6　机头固定式螺旋缠绕法螺旋缠绕钢带

图 3-7　机头固定式螺旋缠绕法钢带压制安装示意图

1—压制成型的钢带；2—型材锁扣

3.2 材料储存与运输

3.2.1 储存

PVC 型材应当遮光保存。夏季应选择通风、阴凉（暂存场所温度应控制在 5～35℃）的场所存放型材。型材卷轴存入库房时应竖立放置，严禁平放。

材料入库时应检测带状型材的宽度、高度、水槽最小厚度、长度及钢带厚度是否符合订购时对材料的尺寸要求，检验一致时方可签收入库。

3.2.2 运输

带状型材在工厂加工完成后应直接卷入材料卷轴内，运输时将型材卷轴吊装放置在运输车辆内的型材托架上，用捆绑带紧固，无滑动、滚动情况后方可运输，运输时应使用苫布苫盖。

型材出入库均应使用吊装带穿入型材卷轴内吊装上、下车，吊装时不得损伤卷轴内部缠绕型材。材料卷轴装车时应竖直放置并固定，严禁平放。

使用后的空卷轴应拆卸后运输。

3.3 材料准备

在工程施工前，通过对待修管道的内径、长度、截面形式进行测量复核，确定使用型材的规格，计算修复所需的材料用量。

在现场施工开始前，从库房取料时，技术人员应检查材料的规格型号，确认使用的钢带宽度是否符合型材规格，并确认使用的型材规格和钢带厚度是否符合设计要求。

型材运输到施工现场后，技术人员应对型材卷轴上最外圈的型材进行检查，确认该部位型材在运输或装卸过程中是否有损坏的情况，如有损坏情况，应切除损坏型材。

当地面气温低于10℃时，应当对型材进行加温，改善低温环境下材料硬化现象，以保证低温环境螺旋缠绕质量。

3.4 余料处理

从检查井和管道内退出的材料应进行详细的外观检查，将材料表面污物清理干净后，确认材料表面没有明显磨损、锁扣没有压倒等影响材料继续使用的情况后，方可将其回收至型材卷轴。对于已在缠绕设备内进行过锁扣咬合的材料，应当切除废弃处理。

4　操　作

4.1　工艺流程

给水排水管道机械制螺旋缠绕修复法施工的工艺流程如图 4-1 所示。

图 4-1　给水排水管道机械制螺旋缠绕修复工艺流程

4.2　施工现场作业条件要求

（1）螺旋缠绕修复施工现场应采用封闭式管理，严禁无关人员进入现场。若施工现场在市区道路、高速、环路等行车道上，施工时需要按照当地交通管理部门批复的交通导行方案进行现场交通导行部署，并将施工区域封闭。

（2）施工现场应具备施工车辆进入条件，方便运送设备及施工人员。

（3）待修复管线应满足螺旋缠绕修复施工条件。修复施工前，应先清除管道内的淤积物、板结物、穿入异物等影响施工的障碍物。

（4）施工过程中待修管道内水深不应超过30cm，并应时刻注意管道内水流情况，如果管道内的水位持续上涨，井下作业人员必须立即从管道内撤出，确保人员的安全。水量过大时应采取截流导水措施。

（5）进入有限空间作业必须严格按照有限空间作业操作规程进行，作业前，认真检查各种仪器设备是否符合要求，发现问题及时处理，如果不具备有限空间作业条件，必须停止作业。

（6）气体检测合格后方可佩戴防护用品进入有限空间，气体检测结果不符合要求时，必须进行机械通风，直到气体检测合格后方可佩戴防护用品进入有限空间（应急救援时除外，应急救援时应佩戴隔绝式正压呼吸器进入）。

（7）现场通风、导水的检查井口应有专人看护并使用围挡防护，围挡处应悬挂安全警示标志。

（8）现场施工临时用电必须符合施工现场临时用电规范的要求和公司关于施工现场临时用电的具体要求。

4.3 操作设备必须使用的工器具

操作设备必须使用的工器具见表4-1。

表4-1 工器具列表

序号	名　称	规　格　型　号
1	气体检测仪	QRAE3 PGM-2500（四合一泵吸式）
2	气体检测仪	DS801（便携式）

序号	名　称	规格型号
3	长管呼吸机	AHK2-4
4	正压式呼吸机	CRP111-145-68-30-1
5	防坠落三脚架	SJY-10
6	轴流风机	220V/2.2kW
7	防爆送风机	220V/2kW
8	防爆对讲机	G65-1
9	低压照明灯	12V
10	内六角扳手	4~12mm
11	扳手	14~17
12	角磨机	220V/500W
13	叉车	5t

4.4　发电机组操作

发电机组操作控制面板如图4-2所示。

4.4.1　起动发电机组

启动发电机组时，先将电源钥匙（图4-2中的7）向右旋转接通发电机组启动电源，面板显示屏（图4-2中的6）亮起后，观察显示屏是否有故障报警，如无故障报警，则按下绿色的启动按钮（图4-2中的5），发电机组启动。

当发电机组启动系统处于自动启动状态时，启动发电机后，

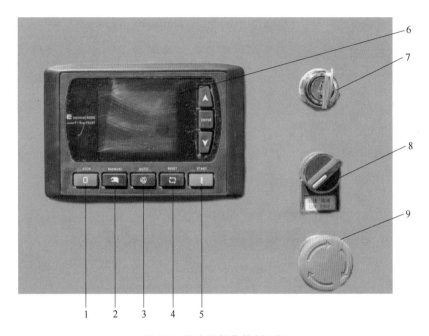

图 4-2　发电机操作控制面板

1—停止按钮；2—手动按钮；3—自动按钮；4—重置按钮；5—启动按钮；

6—显示屏；7—电源钥匙；8—高低速切换旋钮；9—急停按钮

暖机怠速运行 60 秒后，自动切换至高速运行状态，此时方可开启发电机供电总开关，开启用电设备负载。

当发电机组启动系统处于手动启动状态时，启动发电机后，暖机怠速运行 60 秒后，手动切换至高速运行状态（图 4-2 中的 8），此时方可开启发电机供电总开关，开启用电设备负载。

4.4.2　发电机组停机

停止发电机组时，先关闭所有用电设备荷载并关闭发电机供电电源的总开关，点按停止按钮（图 4-2 中的 1），发电机组自动切换至怠速运行，怠速运行 60 秒后，发电机组自动关闭，关闭后向左旋转电源钥匙（图4-2中的7），切断发电机组启动电源。

禁止在带负载状态下将发电机供电通断开关切换到断开位置来停止发动机。

4.4.3　紧急停机

当出现突发情况时，直接按下急停按钮，强制停机，并迅速检查井下作业人员是否已离开有限空间。

4.5　机头行走式螺旋缠绕法缠绕设备操作

4.5.1　现场设备布置

机头行走式螺旋缠绕法修复管道时通常由待修复管道上游向下游施工。施工时型材卷轴及卷轴转动系统应放置在上游检查井处，液压动力站放置在下游检查井处，现场设备布置如图4-3所示。

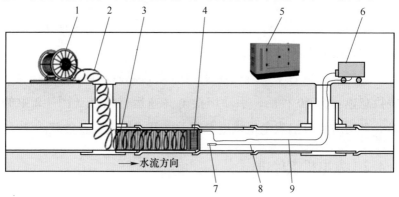

图4-3　现场布置示意图

1—型材卷轴；2—带状型材；3—新内衬管；4—缠绕机组；5—发电机组；

6—液压动力站；7—控制手柄；8—控制手柄数据线；9—液压油管

4.5.2 缠绕设备组装

在待修复管道清淤完成且经过检查确认管道内部情况符合螺旋缠绕施工条件后,通过现有上游检查井将拆卸后的辊轮组、缠绕机头、缠绕轨道(异形管道使用)送至待修复管道。

4.5.2.1 辊轮组组装

在待修复管道上游管口内组装缠绕设备,将图4-4所示的单个辊轮通过螺栓连接成如图4-5所示的辊轮组,通过调整辊轮数量或调整垫片数量来组装与待修管道管径相适应的辊轮组。

图4-4 单个辊轮及垫片示意图

4.5.2.2 引料轮与缠绕机头连接

引料轮由两个专用辊轮组成,如图4-6所示。引料轮一侧与缠绕机头连接，另一侧连接辊轮组，缠绕机组安装时引料轮的安装位置是固定的，如图 4-7 所示。

图 4-5　辊轮组连接示意图

图 4-6　引料轮连接示意图

图 4-7　引料轮与缠绕机头连接示意图

4.5.2.3　压轮轴安装

压轮轴与缠绕机头连接安装时，首先将压轮轴穿销孔与缠绕机头穿销孔对正，然后穿入定位连接销固定，最后把紧固压紧螺栓卡入缠绕机头螺栓定位槽内，如图 4-8 所示。根据缠绕型材锁扣压制互锁情况调整螺母，以获得锁扣压制互锁最佳状态。

4.5.2.4　缠绕机组安装

辊轮组和缠绕机头采用螺栓连接，组装时应先组装辊轮，最后安装缠绕机头和引料轮，如图 4-9 和图 4-10 所示。组装完成后缠绕机头应置于管道顶部中心位置。

修复矩形、拱形等异形管道时，应先组装好底部辊轮组，再组装缠绕轨道，最后组装两侧辊轮组、顶部辊轮组及缠绕机头。在管道内部安装螺旋缠绕设备时，设备轴线应与原管道轴线对正。

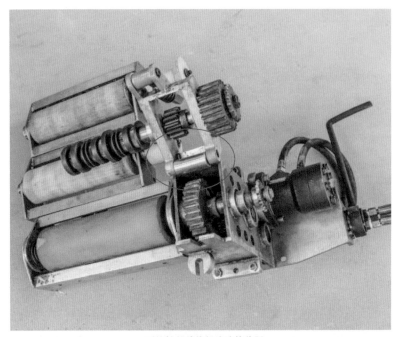

压轮轴与缠绕机头连接位置

穿入连接销

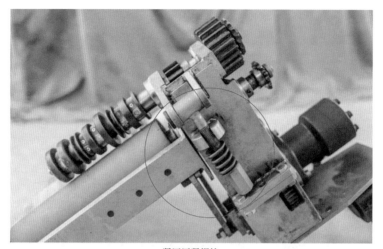

紧固压紧螺栓

图 4-8 压轮轴安装示意图

图 4-9 辊轮组、引料轮与缠绕机头连接示意图

1—缠绕机头；2—引料轮；3—辊轮

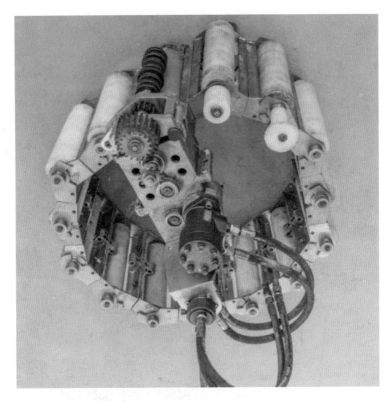

图4-10　螺旋缠绕机组组装示意图

4.5.2.5　液压动力站连接

液压油管一端与液压动力站连接，另一端从下游检查井送入管道内并与上游管道内安装的缠绕机头上液压油管连接。

液压油管连接安装如图4-11所示，液压油管公、母接头分别与液压动力站母、公接头连接，连接安装时母接头"凹槽"处要转动至接头"凸起"部位对准，如图4-12所示，用力推动公、母接头，当听到"咔塔"一声后，公母接头连接到位，此时转动母接头挡圈，错开"凹槽"与"凸起"部位，锁止接头防止油管接头松脱，如图4-13所示。

图 4-11　液压油管与液压动力站连接示意图

1—液压动力站液压母接头；2—液压动力站液压公接头；

3—液压油管公接头；4—液压油管母接头

图 4-12　液压油管连接示意图

1—液压接头凹槽；2—液压接头挡圈；3—液压接头凸起

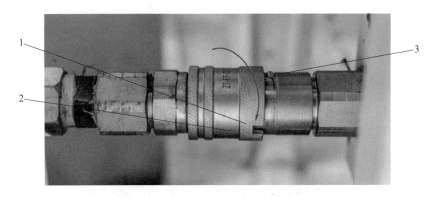

图 4-13　液压油管连接至锁止示意图
1—液压接头凹槽；2—液压接头挡圈；3—液压接头凸起

4.5.2.6　液压手柄连接

液压控制手柄数据线与液压动力站连接，控制手柄端从下游检查井手柄送入管道内缠绕设备处，由螺旋缠绕主操作手操控，液压控制手柄数据线与液压动力站连接时，要对准插头与插座相对应的限位条与限位槽。在插座内部共有 5 处限位条，其中顶部的限位条比其他限位条宽，在插头外侧有 5 处限位槽，其中有一处限位槽比其余限位槽都宽，如图 4-14 和图 4-15 所示，安装连接时最宽的限位条须与插头最宽的限位槽对准，插入插头后，拧紧外部紧固螺帽，如图 4-16 所示。

4.5.3　异形缠绕轨道组装

4.5.3.1　矩形缠绕轨道组装

矩形轨道组装时根据管道尺寸，选用适用管径的缠绕轨道，轨道由 4 块转角子模块及直子模块组成，直子模块根据轨道尺寸合理选取搭配组成，如图 4-17 所示。

图 4-14 控制手柄数据线插座示意图

1—最宽限位条；2—数据线针头；3—限位条

4.5.3.2 拱形缠绕轨道组装

拱形轨道组装时根据管道尺寸，选用适用管径的缠绕轨道，轨道由转角子模块、直子模块、弧形子模块组成。直子模块根据轨道尺寸合理选取搭配组成，拱顶弧线段根据管道拱顶弧度定制，如图 4-18 所示。

4.5.4 带状型材输送及安装

将带状型材端头从型材卷轴内部取出，以螺旋状从上游检查井送入管道内缠绕机组。

图 4-15　控制手柄数据线插头示意图

1—插头紧固螺母；2—最宽限位槽；3—数据线针头插孔；4—限位槽

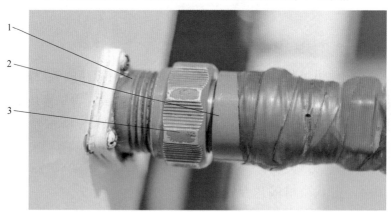

图 4-16　控制手柄数据线插头示意图

1—数据线插座；2—数据线插头；3—紧固螺母

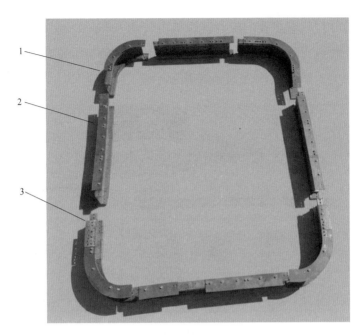

图 4-17 矩形缠绕轨道

1—转角子模块；2—长直子模块；3—短直子模块

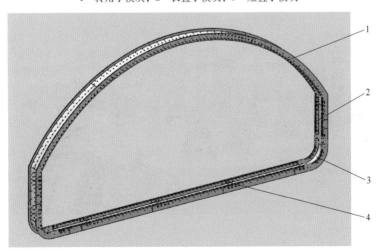

图 4-18 拱形缠绕轨道示意图

1—拱顶弧线子模块；2—侧边直子模块；3—转角模块；4—底部直子模块

带状型材螺旋方向应与缠绕机组转动方向一致，使型材端头压入缠绕机头压轮总成并使带状型材上的肋条与压轮总成压轮位置相对应，如图 4-19 和图 4-20 所示。

图 4-19　带状型材压入压轮总成示意图

1—压轮总成；2—带状型材

图 4-20　带状型材压入压轮总成示意图

1—压轮总成；2—带状型材

4.5.5 液压动力站操作

发电机组给液压动力站供电前，液压动力站电源开关（图 2-9 中的 6）在"OFF"关闭状态，转动液压动力站电源开关至"ON"开启状态，如图 4-21 所示，此时液压动力站接通电源，

图 4-21　液压动力站电源总开关关闭、开启状态示意图

通过控制手柄遥控操作液压动力站并开始工作。停止作业后应转动电源开关在至"OFF"关闭液压动力站电源。

4.5.6　缠绕机组操作

带状型材安装到位后，先按动液压控制手柄复位按钮，再按动正向运行按钮，启动液压动力站，如图 4-22 所示，驱动缠绕机头，带动缠绕机组运行。

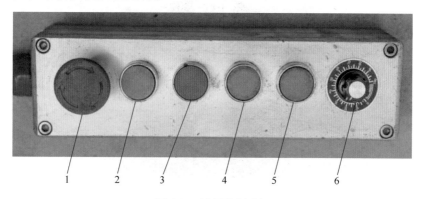

图 4-22　液压控制手柄

1—紧急停止按钮；2—正向运行按钮；3—停止按钮；

4—反向运行按钮；5—复位按钮；6—调速旋钮

在缠绕机组压入带状型材并运行一周时观察带状型材的锁扣互锁状态，当锁扣状态正常时操控缠绕机组连续缠绕作业；当锁扣位置有偏差时，按动控制手柄的反向运行按钮，重新调整型材锁扣搭接位置，再按动控制手柄正向运行按钮，重新开始缠绕作业。

缠绕施工过程中应时刻观察锁扣咬合情况，发现问题及时调整。

4.5.7 材料卷轴转动系统操作

4.5.7.1 操作流程

（1）开启卷轴动力系统（图 2-13）"控制电箱"空气开关，接通电源，此时控制电箱上的电源指示绿灯亮。

（2）按压卷轴控制手柄上的"正向运行按钮"（图 4-23 中的 2）后材料卷轴开始转动，旋转"调速旋钮"（图 4-23 中的 5）调节材料卷轴转动速度。

（3）按压卷轴控制手柄上的"停止按钮"（图 4-23 中的 3）材料卷轴停止转动。

（4）旋转卷轴控制手柄上的"调速按钮"并调至零点。

（5）开机前应把"调速按钮"调至零点，禁止高速开机运行。

图 4-23 卷轴控制手柄

1—反向运行按钮；2—正向运行按钮；3—停止按钮；

4—启动按钮；5—调速旋钮；6—紧急停止按钮

4.5.7.2 注意事项

（1）缠绕材料卷轴须安装放置在稳定且平整的平台或地面

上，应避免直接暴晒和雨淋，不得放置在温度高、通风不良以及尘埃多的场所。

（2）每次施工完成后应对缠绕材料卷轴轴承涂抹润滑脂（黄油）进行保养，并对电缆涂抹石蜡粉进行保养。正确地使用和及时保养不仅能够使设备达到使用要求，而且可以延长设备的使用寿命。在长期未进行施工作业的情况下，卷轴保养周期应为每月一次。

（3）开机前检查控制系统，观察卷轴电源连接是否正常，确认是否有漏油、异常声音、异常震动等现象。

4.5.8　设备操作注意事项

4.5.8.1　设备检测

（1）确保液压动力站内液压油油量充足。

（2）确保连接件（液压油管、手柄控制线）接口部位完好。

（3）确保缠绕机头链轨没有腐蚀锁死情况。

（4）确认电气部分是否有可靠的接地保护。

（5）确认控制器、限位器、制动器、紧急开关等主要附件是否失灵。

4.5.8.2　缠绕机预调试

（1）将缠绕机与液压动力站连接好。

（2）按压"正向运行按钮"。

（3）旋转液压控制手柄上的"调速按钮"缓慢加速，如图4-24所示。

（4）启动后观察缠绕机液压马达是否运行正常。

4.5.8.3　缠绕机运行

（1）确认缠绕机在修复管线内是否正常运行。

图 4-24 液压控制手柄调速旋钮

1—调速旋钮刻度盘；2—调速旋钮

（2）确认缠绕机是否有漏油，异常声音、异常震动等现象。

4.5.8.4 缠绕机停止运行

（1）先按压液压控制手柄上的"停止按钮"，等待缠绕机停止运行。

（2）旋转液压控制手柄上的"调速按钮"并调至零点，如图4-24所示。

4.5.8.5 其他配套设备检查

（1）开机前应检查电源电压是否正常。

（2）检查油管连接是否正常。

（3）连接控制手柄，开启控制箱开关，启动控制手柄观察液压马达是否运转正常。

（4）观察液压油是否充足，油管连接处是否有漏油，压力表数值是否正常。

4.6　机头固定式螺旋缠绕法缠绕设备操作

4.6.1　钢带机操作

4.6.1.1　操作流程

（1）在钢带托架上安装钢带。

（2）使用控制手柄上的"点动按钮"（图4-25中的2），将钢带缓慢地送入钢带压辊。

图4-25　钢带机控制手柄

1—调速旋钮；2—点动按钮；3—正向反向切换按钮；

4—停止旋钮；5—启动按钮；6—紧急停止按钮

（3）通过调节左、右调节螺丝，确保钢带处于钢带压辊的正中央。

（4）将成型的钢带缓慢送入末端起圆机构，调整至合适的直径，并测量两侧高度是否均匀，如图 4-26 所示。

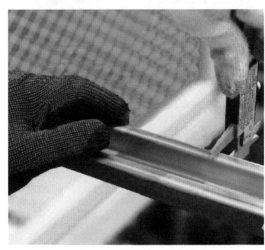

图 4-26　钢带安装示意图

4.6.1.2　注意事项

（1）在钢带托架上安装钢带时，钢带总质量不得超过 1.5t。

（2）钢带处于压辊正中央后，应当关闭好防护罩。

（3）启动前，确认"调速旋钮"（图 4-25 中的 1）位于"最小"位置。

4.6.2　缠绕机操作流程

4.6.2.1　操作流程

在对缠绕机进行调试前，首先对所有螺栓、埋头螺丝及垫片进行检验，若有损坏情况应及时更换；调试时，首先将 1.5m 左右平头型材插入驱动头，将型材缓慢转向第一个导向轮，转动过程中应确保型材与驱动头右侧对齐，型材到达第一个导向轮且确认无误后，将驱动头的型材调节螺栓和第一个导向轮拧紧，拧紧后，倒出型材，并保证其余导向轮松开。然后在型材的起始处进行"去母留公"切割，一般情况下切割长度为 50~60cm（图 4-27）。

4.6.2.2　注意事项

下井安装前，应当对缠绕机组进行检查，重点检查液压马达、链条、咬合胶轮是否完好，螺旋调整器是否顺畅。应按照先下部、后上部的顺序，下井后，应确认好安装方向（图 4-28）。

4.6.2.3　井下安装

（1）下井后，应当先使用 8mm 内六角扳手，对缠绕笼进行组装。组装应按照先下部、后上部的顺序。

（2）缠绕笼组装完成后，安装缠绕机组。缠绕机组安装后，应当保证与缠绕笼贴紧（图 4-29）。

图 4-27 导向轮安装及型材切割示意图

图 4-28 缠绕机头示意图

1—咬合胶辊；2—咬合力调节螺栓；3—链条；4—螺旋调整器；5—背板；6—液压马达

图 4-29 缠绕机组安装示意图

1—缠绕笼下部；2—缠绕机头

4.6.3 型材托架操作流程

4.6.3.1 操作流程

（1）型材托架通电时应由专业电工进行接电操作。

（2）在型材托架投入使用前应进行空转试运行以确保型材托架的调速开关是否灵敏，转动速度是否符合要求。

（3）型材托架正式投入使用时其转速应由井内缠绕速度决

定。此外，还需时刻检查型材托架上的型材是否有破损。

4.6.3.2　注意事项

在进行送电时，型材托架的正反转旋钮必须处于中位。

4.6.4　制浆机、注浆机操作流程

4.6.4.1　制浆机操作规程

（1）一次性放入达到额定用量的水；

（2）开动搅拌机；

（3）缓慢地投入配方所需要的水泥；

（4）充分搅拌 5 分钟；

（5）用比重计测量比重，符合要求后进行注浆。

4.6.4.2　注浆机操作流程

（1）注浆机尽可能水平放置在固定位置，吸、排管路布置要合理；

（2）用手盘车数周，看看转动是否灵活；

（3）确认完好后，启动注浆电机；

（4）打开注浆阀门进行注浆；

（5）注浆完成后关闭注浆阀门。

4.7　缠绕制管

由缠绕机头和缠绕笼组成的缠绕设备在管道内组装到位且其他设备在地面安放到位后，将带状型材送入管道内插进缠绕机头压轮内，开始缠绕作业。在待修管道内进行缠绕作业的同时，地面配合施工人员应根据缠绕速度向缠绕机内送入带状型材，直至

缠绕作业完成。具体操作步骤如下：

（1）使用控制盒，将型材通过缠绕机头，直到型材的肋筋与缠绕笼中第一个导向辊的凹槽啮合。此时，通过检查以下内容来确认型材在缠绕机中的位置是否准确：1）型材相对于缠绕机侧面的对齐情况；2）缠绕机中的型材导轨；3）母锁相对于滚花轮处于正确的位置。

（2）当型材到达每个导辊时，定位导辊，使其在型材的 T 型肋之间正确定位。缓慢地将缠绕机向前移动确保型材上的 T 型肋与导辊上的凹槽接合，在缠绕笼内转一整圈。

（3）在缠绕笼内转完一圈后，在型材锁完全啮合的情况下，继续缠绕 6~8 圈，或直到型材完全达到尺寸，让型材在缠绕笼内找到其自然路径。然后，轴环可以被锁定在位置上。

（4）通过调整螺旋角，调整对准公锁和母锁啮进行接合情况。

（5）继续送入型材约 4 圈，使导辊稳定在正确的位置，监测型材以确保它在所有导辊中的位置仍然正确。监测螺旋线的正确性，并根据需要调整缠绕机螺旋角。

（6）当型材在缠绕笼中完全达到尺寸，停止送入型材。

（7）拧紧每个导辊环的所有定位螺丝。

（8）当所有的导辊被锁定后，定位螺丝再绕两圈，并确保螺旋角正确，且对型材 T 型肋没有损坏。

（9）当管道缠绕出 5~6 圈型材后，开始嵌入钢带，嵌入钢带过程中注意不要损伤型材肋筋。

（10）缠绕时施工人员要佩戴钢丝手套以防止人员被钢带划伤。

（11）钢带进入检查井后要与型材、气管、油管、控制线保持安全距离，防止钢带将管道、气管割破。

（12）继续缠绕时，缠绕机、型材、钢带要保持同一速度，当井口人员发现速度不配合时应立即调整速度，使工作速度统一，当带钢带的型材有剩余2~3圈进入接收井时，停止缠绕工作。地面切断型材和钢材，继续缠绕至接收井停止设备，切除多余型材与钢带，使缠绕内衬管管口与原管道管口保持平齐。

4.7.1 机头行走式螺旋缠绕法工艺施工要求

（1）螺旋缠绕设备应安装在管道内且设备轴线应与原有管道轴线一致。

（2）可通过调整螺旋缠绕设备的辊轮及垫片数量获得所需要的内衬管直径。

（3）螺旋缠绕设备的缠绕作业与行走应同步运行。

（4）螺旋缠绕作业应平稳、匀速进行，锁扣应嵌合、连接牢固。

（5）当型材截断后进行再连接时，应通过型材自带的钢片插入另一边型材来完成型材连接，应做到两端PVC型材断面平直，如图4-30所示。

4.7.2 机头固定式螺旋缠绕法工艺施工要求

（1）螺旋缠绕设备应固定在起始检查井中，且设备轴线应与管道轴线一致。

（2）内衬管的缠绕成型和推入过程应同步进行，直到内衬管到达目标检查井。

（3）在内衬管缠绕过程中，钢带应同步安装在带状型材外表

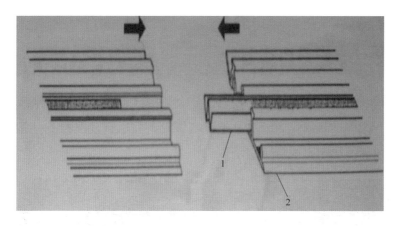

图 4-30 型材插接示意图

1—钢带；2—型材

面，并应与型材公母锁扣处嵌合牢固。

（4）当型材截断后进行再连接时，可使用焊接或对接的方法，当使用焊接方法时，应做到焊缝翻边均匀、接牢固、焊接时两端 PVC 型材断面平直，如图 4-31 所示。

图 4-31 型材焊接示意图

4.8 设备拆除

在一个施工段施工完成后，应关闭液压动力站，拆除液压油管，在检查井或管道内拆分螺旋缠绕设备并通过现况检查井运送至地面，如图 4-32 所示。

图 4-32 缠绕笼从井下拆除

4.9 端头密封处理

螺旋缠绕施工完成后，内衬管两端与原有管道之间的缝隙采用早强速凝水泥等材料进行密封处理。密封处理时，内衬管轴线应与原有管道轴线保持一致。具体操作步骤如下：

（1）环形间隙封堵前，内衬管与原管道应切割整齐，内衬管突出原管道不宜超过5cm。

（2）内衬管支撑完后，对管口位置原管道内壁和内衬管外壁进行清理，不得留有淤泥、砂土、垃圾等。

（3）水位线以下部分应全部使用早强速凝水泥进行封堵，其他部分可采用早强速凝水泥和普通水泥比例为1∶1的掺合物进行。

（4）封口深度根据内衬管管径，环形间隙的大小，管道坡度等情况应选择合适的封口深度，常规封口深度不应小于15cm，如存在管径不小于DN1800、环形间隙平均直径不小于10cm、上下游管底高程差超过0.3m三种情况中的任何一种时，封口深度宜增加5cm。

（5）在管道下游管端环形间隙的2点和10点位置预埋注浆管，注浆管采用PVC硬质管，并在管道上游管端顶部预留观察孔。

（6）封堵环形间隙表面应用专用工具抹平处理，严禁用手直接抹平。

（7）管道端头密封水泥凝固前不得进行注浆作业。

4.10 注浆支撑

采用机头行走式螺旋缠绕法工艺修复矩形、拱形管道且内衬管不足以承受注浆压力时，为保证注浆时内衬管不变形及管底、侧墙、管顶、拱顶注浆厚度能够达到设计要求，需在注浆前对内衬管进行支撑保护（图4-33）。

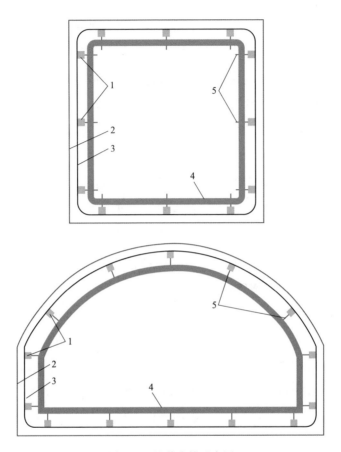

图 4-33　注浆支撑示意图

1—通长方钢；2—原管道；3—缠绕内衬管；4—注浆支撑架；5—顶托

　　注浆支撑应根据管涵尺寸提前预制，在地面上拆分，在管道内组装。

　　注浆支撑架采用方钢或槽钢制作，并应进行结构稳定性计算以确保能够满足注浆负载需求。

　　应通过连接板及高强度螺栓连接或插接的方式来组装注浆支撑。

应沿管道方向每 2m 设置一道注浆支撑。环间支撑底板及侧墙均匀设置支撑点，支撑点位置顺管道方向设置 100mm×100mm 方钢连接，方钢支撑在内衬管内部。

方钢通过油托与支撑架连接，并通过油托调节支撑结构张紧度。

根据现场实际情况支撑架可适当加密。

机头固定式螺旋缠绕法注浆时通常不需要进行支撑。

4.11　注浆施工

根据管道预埋注浆孔的位置，布设注浆支管，每个注浆口支管均设一控制闸阀（图 4-34）。

注浆管道布设完成后开始注浆，注浆压力为 0.10~0.15MPa，注浆时注浆压力不得超过 0.15MPa。

注浆应分步进行，首次注浆量应根据内衬管自重、管内水量进行计算，首次实际注浆量不得超过计算量。

第二次注浆应至少在首次注浆浆液初凝后进行，与首次注浆的时间间隔不宜小于 12 小时。

注浆总量不应小于计算注浆量的 95%，并应做好记录。

管道注浆孔一般设置在修复管段下游，注浆观察孔设置在待修复管段上游管端。当注浆施工开始后，专人负责监督观察孔，当观察孔冒浆时，注浆工作完成。

当管道距离大于 100m 时，宜在管道中间位置的顶部开孔补浆。

注浆完成后应密封注浆孔，并对管道端头进行平整处理。

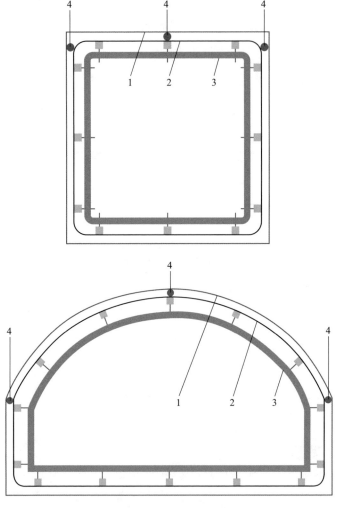

图 4-34　注浆孔示意图

1—原管道；2—缠绕内衬管；3—注浆支撑；4—注浆孔

注浆完成后应立即用清水冲洗注浆管，必须采取适当措施处理废水，做好清洁工作（图 4-35）。

管段上游观察口已冒浆

图 4-35 注浆完成

4.12　设备操作记录

4.12.1　设备操作记录表

螺旋缠绕设备操作记录表见表4-2。

表 4-2　螺旋缠绕设备操作记录表

生产日期	设备名称		设备名称		设备名称		记录人
	运行时间	设备状态	运行时间	设备状态	运行时间	设备状态	

注：操作记录表需要操作人本人填写，不得他人代写，表格应填写规范，不得有涂改。

4.12.2　设备安全检查记录表

螺旋缠绕设备安全检查记录表见表4-3。

表 4-3 螺旋缠绕设备安全检查记录表

设备名称	使用部门	检查日期	安全检查情况			负责人签字
			安全检查内容	是否合格	处理及解决结果	

注：设备安全检查记录表由负责人如实填写表内各项内容并签字，并负起相应的责任。

4.12.3 螺旋缠绕施工记录表

螺旋缠绕施工记录表见表 4-4。

4.12.4 注浆施工记录表

注浆施工记录表见表 4-5。

表 4-4 螺旋缠绕施工记录表

工程名称				施工单位			
工程位置				监理单位			
缠绕位置				施工日期			
原管管径		原管管材			设计管径		
型材起始 （米数）		型材结束 （米数）			缠绕施工 长度(m)		
时间	缠绕速度（m/min）		电机转速		工况		
施工员：			操作员：			日期：	

注：操作记录表需要施工班组长填写，不得他人代写，表格应填写规范，15 分钟记录一次。

表 4-5 注浆施工记录表

工程名称		施工单位		
工程位置		监理单位		
注浆位置		施工日期		
管段长度		管径(mm)		气温(℃)
注浆时间	注浆压力	注浆量	累计注浆量	工况
施工员：		操作员：		日期：

注：操作记录表需要施工班组长填写，不得他人代写，表格应填写规范，不得有涂改。

5 设备维护与保养

5.1 定期保养

放置在地面上使用的施工设备应当按月进行保养。

液压动力站保养要求如下：

（1）检查吊耳是否固定牢固。

（2）液压油箱油量情况。

（3）检查液压油渗漏情况。

（4）液压滤芯是否正常工作，液压报警器是否在绿色区域。

钢带机保养要求如下：

（1）检查所有组件和零件是否存在磨损或损坏。

（2）检查齿轮状况，并且施加专用润滑脂。

（3）检查电缆的损坏情况。

（4）检查控制系统是否灵敏。

型材托架保养要求如下：

（1）检查驱动轮是否损坏。

（2）检查控制系统是否灵敏。

发电机保养要求如下：

（1）检查滤芯是否正常。

（2）检查电压是否正常。

（3）检查冷却风扇运转是否正常。

5.2 日常维修与保养

5.2.1 缠绕机组日常维修与保养

采用机械制螺旋缠绕法修复的管道多数为污水管道，缠绕机组作业时均位于污水检查井或管道内，金属材质的缠绕机易腐蚀生锈。因此每次缠绕修复施工前后均需对缠绕机进行保养，具体要求如下：

（1）每次施工结束后都要对缠绕机进行彻底清洁，及时更换损坏的轴承及其他部件，并刷润滑油。同时做好设备的去污防锈工作（缠绕机组连续施工时，每15天保养一次）。

（2）对所有的辊轴进行清洁，检查磨损情况，当辊轴有明显的变形导致转动困难或超过2mm压痕时，建议进行更换。

（3）及时清理机头及链轨轴承内的泥沙和污水，同时涂刷润滑剂以便下次使用。

5.2.2 液压动力站日常维修与保养

（1）液压动力站的液压油应每季度检查一次，并且每年更换一次。

（2）在冬季使用液压动力设备时，须提前预热30分钟。

（3）液压动力设备应每月清洁一次。

（4）每次施工前应检查电机与油泵连接是否牢固、航空插头等零部件。

5.3　注浆设备日常维修与保养

注浆机、制浆机及注浆管每次使用后须冲洗干净，防止浆液凝结堵塞机具。对于减速机等部位，应当定期检查减速机油位是否正常。

5.4　特殊作业条件或冬、雨季维保

（1）雨季施工应注意避免设备淋雨，应提前关注当地天气预报，采取有效的防雨措施，降雨较大时应暂时停工。

（2）若设备淋雨，电器设备必须经去水除湿处理后，由专业电工进行遥测，检验合格后方可使用，遥测记录需要留底备查。

（3）冬季应选用低凝固点的柴油。

（4）冬季施工期间，发电机须更换冬季专用冷却液，防止冷却系统冰冻。

5.5　维保记录

设备维护保养记录表见表 5-1。

表 5-1　设备维护保养记录表

设备名称	使用部门	维护保养日期	维护保养情况	
			维护保养内容	记录人

设备名称	使用部门	维护保养日期	维护保养情况	
			维护保养内容	记录人

注：操作记录表需要操作人本人填写，不得他人代写，表格应填写规范，不得有涂改。

6 常见问题与处理措施

6.1 设备故障与处理措施

使用机械制螺旋缠绕修复法进行施工时，相关设备可能会遇到以下问题，对于本手册中没有记录的问题，应及时记录下发生故障的现象、分析故障原因，并记录下排除故障的措施。

6.1.1 液压动力站

液压动力站是缠绕机组的动力来源，是缠绕机组能否正常工作的前提，常见的故障及处理措施如下。

6.1.1.1 液压动力站无法启动

故障编号：YYZ001。

现象：液压动力站无法启动。

原因：液压动力站启动电机电源连接异常。

处理措施：重新连接液压动力站电源线缆。

6.1.1.2 液压动力站压力不足

故障编号：YYZ002。

现象：液压动力站压力不足。

原因：液压动力站调压阀工作异常或缺少液压油或液压油管漏油。

处理措施：若液压动力站调压阀工作出现异常，则进行调压阀维修或更换调压阀；若液压动力站缺少液压油，则查看液压油油位并检查液压油管及油管接头情况，添加液压油，更换破损油管，重新连接不严密的油管接头。

6.1.1.3 液压动力站控制系统出错

故障编号：YYZ003。

现象：液压动力站正反转或调速不受控制。

原因：液压动力站的旋转开关或电位器损坏。

处理措施：更换旋转开关或电位器。

6.1.1.4 液压动力站油温过高

故障编号：YYZ004。

现象：液压动力站油温过高。

原因：液压动力站降温风扇出风口被挡住或降温风扇损坏。

处理措施：检查降温风扇电路是否正常，风扇出风口是否被遮挡，或对降温风扇损坏进行维修或更换。

6.1.2 缠绕机组

缠绕机组是用来制作、安装内衬管，缠绕机组的工作状态决定了内衬管的缠绕质量，常见的故障及处理措施如下。

6.1.2.1 缠绕机头无法启动

故障编号：CRJ001。

现象：无法启动缠绕机头。

原因：液压油管连接故障或控制手柄连线故障。

处理措施：经检查若为液压油管连接故障，则应重新连接液压油管；若为控制手柄连线故障，则重新连接液压手柄控制线缆或更换备用手柄。

6.1.2.2　机头缠绕速度无法调整

故障编号：CRJ002。

现象：使用控制手柄调速旋钮无法调整缠绕机头的缠绕速度。

原因：控制手柄调速旋钮失灵、手柄电缆损坏、接头松动等。

处理措施：若为控制旋钮失灵，则更换控制手柄旋钮，其他问题需更换备用控制手柄。

6.1.2.3　行走式机头前进后退无法更换

故障编号：CRJ003。

现象：控制手柄无法控制缠绕机头前进后退。

原因：控制手柄正向、反向运转旋钮失灵。

处理措施：更换备用控制手柄。

6.1.2.4　缠绕机头型材咬合错位

故障编号：CRJ004。

现象：缠绕机头型材咬合错位。

原因：咬合齿轮未设置到位。

处理措施：调整咬合齿轮。

6.1.3　材料卷轴系统

材料卷轴系统在施工过程中可能出现的故障与处理措施如下。

6.1.3.1　材料输送设备无法启动

故障编号：JZ001。

现象：材料输送设备无法启动。

原因：电源未接通或型材基座放置不平。

处理措施：经检查后若为电源未接通，则重新连接电源；若为型材基座放置不平，则应调整基座位置至平稳牢固。

6.1.3.2 材料输送设备转速慢

故障编号：JZ002。

现象：材料输送设备转速慢。

原因：电机变频器程序故障或调速开关故障。

处理措施：经检查后若为变频器程序故障，则调整变频器程序；若为调速开关故障，则应维修或更换调速开关。

6.1.4 制浆机

注浆机在施工过程中可能出现的故障与处理措施如下。

6.1.4.1 制浆机无法启动

故障编号：ZJJ001。

现象：制浆机无法启动。

原因：电源连接故障。

处理措施：重新连接电机电缆。

6.1.4.2 制浆机出浆口不出浆

故障编号：ZJJ002。

现象：制浆机出浆口不出浆。

原因：制浆机出浆口堵塞。

处理措施：冲洗制浆机出浆口。

6.1.5 挤压式注浆机

注浆机在施工过程中可能出现的故障与处理措施如下。

6.1.5.1 注浆机无法启动

故障编号：JYSZJJ001。

现象：注浆机无法启动。

原因：电源连接故障。

处理措施：重新连接电机电缆。

6.1.5.2 注浆压力不足

故障编号：JYSZJJ002。

现象：注浆机压力不足。

原因：注浆泵堵塞。

处理措施：冲洗注浆泵。

6.1.5.3 注浆压力过高

故障编号：JYSZJJ003。

现象：注浆机压力过高。

原因：注浆管路堵塞。

处理措施：冲洗注浆管。

6.1.6 发电机

发电机在施工过程中可能出现的故障与处理措施如下。

6.1.6.1 发电机无法启动

故障编号：FDJ001。

现象：发电机无法启动。

原因：缺少燃油、火花塞损坏或是启动电瓶电压不足。

处理措施：若为缺少燃油，则补加燃油；若为火花塞损坏，则更换火花塞；若为启动电瓶电压不足，则给电瓶充电或更换电瓶。

6.1.6.2　发电机能启动但运行不正常

故障编号：FDJ002。

现象：发电机能启动但运行不正常。

原因：机油报警器工作、火花塞火弱或缺少燃油。

处理措施：若为机油报警器工作，则添加机油；若为火花塞火弱，则更换火花塞；若为缺少燃油，则应检查燃油泵接线。

6.1.6.3　发电机工作时熄火

故障编号：FDJ003。

现象：发电机工作时熄火。

原因：机油报警器工作或缺少燃油。

处理措施：若为机油报警器工作，则添加机油；若为缺少燃油，则添加燃油。

6.1.6.4　发电机功率不足

故障编号：FDJ004。

现象：发电机功率不足，带载运行时冒黑烟。

原因：空气供应不充分、发电机排气不畅或发电机供油不足。

处理措施：若为空气供应不充分，则清洗进气滤网；若为发电机排气不畅，则检查排气管是否有堵塞；若为发电机供油不足，则应检查发电机供油系统，对喷油嘴进行校准。

6.1.6.5　发电机没有输出

故障编号：FDJ005。

现象：发电机没有输出。

原因：总开关没有打开、接线不牢或发电机组烧坏。

处理措施：若为总开关没开，则打开总开关；若为接线不牢，则应仔细检查并紧固接线；若为发电机组烧坏，则更换发电机组。

6.2　施工中常见问题及处理措施

6.2.1　型材锁扣断裂

故障编号：SG001。

现象：缠绕机头缠绕型材时型材锁扣断裂。

原因：机头咬合压紧螺栓过紧。

处理措施：调松压紧螺栓。

6.2.2　钢带压合不严或跳出

故障编号：SG002。

现象：在缠绕过程中，钢带与型材贴合不严密，或从已咬合好的管道中跳出。

原因：钢带直径范围偏差大。

处理措施：调整钢带缠绕直径，与缠绕内衬管道外径相差不超过3cm。

6.2.3 公母锁扣咬合不严

故障编号：SG003。

现象：公母锁扣未完全咬合或咬合不严密。

原因：机头咬合胶辊过松。

处理措施：调紧压紧螺栓。

6.3 设备故障检查记录表

设备故障检查记录表见表6-1。

表6-1 设备故障检查记录表

设备名称	检查日期	故障情况描述	故障原因分析	解决办法	检查人

续表 6-1

设备名称	检查日期	故障情况描述	故障原因分析	解决办法	检查人

注：由设备故障检查人如实填写设备故障情况、原因及解决办法，并签字确认。